领读者书系

天球运行论

（少年轻读版）

吴国盛◎著

猫先生漫画工作室◎绘

北京科学技术出版社

100层童书馆

图书在版编目（CIP）数据

天球运行论 ：少年轻读版 / 吴国盛著 ；猫先生漫
画工作室绘. -- 北京 ：北京科学技术出版社，2025.
（领读者书系）. -- ISBN 978-7-5714-4560-7

Ⅰ. P134-49

中国国家版本馆CIP数据核字第2025988AZ9号

策划编辑：刘婧文　张文军
责任编辑：刘婧文
营销编辑：何雅诗
图文制作：天露霖文化
责任印制：李　茗
出 版 人：曾庆宇
出版发行：北京科学技术出版社
社　　址：北京西直门南大街16号
邮政编码：100035
电　　话：0086-10-66135495（总编室）
　　　　　0086-10-66113227（发行部）
网　　址：www.bkydw.cn
印　　刷：雅迪云印（天津）科技有限公司
开　　本：889 mm×1194 mm　1/32
字　　数：38千字
印　　张：3
版　　次：2025年6月第1版
印　　次：2025年6月第1次印刷
ISBN 978-7-5714-4560-7

定　　价：28.00元

北科读者俱乐部

目　录

哥白尼革命的意义不是简单地把宇宙的中心从地球挪到太阳，……在于由此开启了一整套新的思想范式，它所呼唤的新天文学必然呼唤新物理学，新物理学必然呼唤新哲学，……像多米诺骨牌一样。

——吴国盛

（摘自《哥白尼革命》序言）

哥白尼的足迹

　　10年前,我来到波兰一座名叫**托伦**的小城。这里不是别的地方,正是《天球运行论》的作者——哥白尼的故乡。

　　托伦非常美丽,我是专门循着哥白尼的人生足迹来拜访他的故乡的。站在托伦市政厅的塔楼上,不仅能看到远方的维斯瓦河,还能看到哥白尼家方方的屋顶。

1473 年 2 月 19 日，哥白尼出生在这座小城。他的祖上经商致富，家境非常优渥，因此家里的房子也很高大。

2023 年是哥白尼诞辰 550 周年，全世界都在纪念这位伟大的科学先知，因为他为我们开辟了现代科学的世界图景。

　　哥白尼于 1543 年在一个名为弗龙堡的波罗的海海滨小镇去世，终年 70 岁。

　　弗龙堡镇的人口一直不多，但镇上有一座很大的教堂——弗龙堡大教堂，哥白尼就是在这座教堂里去世的。

　　由于他去世时并未成名，人们就依照当地惯例将他葬在了教堂的某根柱子下面。几百年后，当人们想知道这位伟人究竟葬在哪里时，具体的墓址已经无从得知。

波兰政府和人民，以及全世界敬爱哥白尼的人都希望查明他确切的埋葬地点。2005年，人们利用最新的科技手段，终于在一根柱子下面找到了哥白尼的遗骸。专家们经面部复原、DNA比对等方式确认身份后，于2010年重新安葬了哥白尼。

　　《天球运行论》是在哥白尼去世那年出版的。传说，他摸了一下刚刚送到手里的新书就与世长辞了。

　　因此，这本书，连同"日心说"的命运就都寄托在了他的后继者身上。

如今，我们可以用"天下谁人不识君"来形容哥白尼。我们不仅知道他的名字，甚至可以说，**中国人比世界上其他地方的人都更了解哥白尼的"日心说"**。

《中国公民科学素质报告（1996）》的调查数据表明，在中国，知道地球绕太阳转而不是太阳绕地球转这一现代科学真理的人的比例比美国的还高。

我们从小就学"日心说"。

虽然我们知道哥白尼、认同他的"日心说"，但很少有人清楚，如此简单的真理为什么前人接受起来那么困难。

我不听！

1543 年，在哥白尼过世之前，《天球运行论》出版，"日心说"随之被公之于众。

有点道理。

在欧洲，直到 1687 年牛顿的伟大著作《自然哲学之数学原理》出版，专业人士才大体上接受了哥白尼的学说。

就是这样。

在那之后又过了 100 多年，欧洲普通民众才慢慢地接受了"日心说"。

11

在我国，由于"日心说"传入得较晚，到了 1859 年，随着英国天文学家约翰·赫歇尔的著作《天文学纲要》的翻译出版，该学说才得到了天文学家的认可。之后又过了近百年，在 20 世纪 50 年代，我国开始大规模推行科学世界观教育后，普通民众才慢慢了解了"日心说"。

奇书《天球运行论》

《天球运行论》的诞生

《天球运行论》是一本奇书。它的奇特之一便体现在它是一部鸿篇巨制。

不懂几何学者不得入内。

原书和中文译本都非常厚，内容又极其深奥，很难读懂，甚至曾有科学史学家认为大概没人读完过这本书。

书的开头还专门写明"不懂几何学者不得入内"，由此可见书中的内容涉及很多高难度的数学知识。

这本书在出版后还闹了一个十分有趣的乌龙事件。

哥白尼的学生、朋友都十分了解他的想法，知道他坚信"日心说"是正确的。可是书的前言却告诫读者，不要把"日心说"当真，书里写的理论只是一种工具，大家可以加以利用，但无须计较它的真实性。

不要当真！

前言

本书只是构造了一个宇宙的数字模型以方便计算，不一定是对世界的真实描述。

哥白尼生前并不曾表达过这种想法，因此他的学生觉得很奇怪，不知道前言为何人所作。

　　后来人们终于查明，前言其实是一名协助出版者所写。这个名叫安德烈亚斯·奥西安德尔的人偷偷地把自己的想法写进了前言，却没有署名，以至于这本书的前言是谁所作一度成了一桩**历史悬案**。

　　该书出版后的100多年间，很多人都不知道前言并非哥白尼所写，甚至连伽利略最初都误以为前言出自哥白尼之手。

我们都知道哥白尼的"日心说"曾遭到教会的打压，但是大部分人并不清楚教会究竟是从什么时候开始打压的。是哥白尼在世时就开始了吗？

事实上，《天球运行论》出版之时，天主教会并不在乎哥白尼的理论，甚至鼓励大家自由探索，而这本书本是献给教皇的。哥白尼最终死于疾病，一生并未遭到教会迫害。

意大利思想家乔尔丹诺·布鲁诺常被认为是因主张哥白尼的学说而被烧死的，其实这是人们长久以来的一个误解。布鲁诺被判处火刑主要是由于他当时异端的宗教信仰，与哥白尼的学说并没有多大关系。

1600年

天球运行论

禁

1616年

　　布鲁诺 1600 年被处以火刑，他的这起事件也让教会提高了警惕。教会于 1616 年下令封禁哥白尼的著作。因此，与其说布鲁诺是因哥白尼的书而被烧死的，毋宁说是布鲁诺事件殃及了哥白尼的书。

《天球运行论》有很多版本，如今也有很多译本，设计都很精美。但谁能想到，这本书刚出版的时候没有封面，只有扉页。

　　其实，那个时代印刷的书籍都没有封面，读者可以根据需求自行加装封面。这种手工是不是很有趣？

我自己来做封面。

　　1617 年，这本书出版了第三版，这一年刚好是教会发布禁书令后的第二年。为什么被禁了还能出版呢？

这是因为《天球运行论》的第三版是在荷兰阿姆斯特丹出版的，荷兰信仰新教，天主教会无从干涉。后来，伽利略的著作《关于两门新科学的对话》也送到了荷兰出版。

　　由此可见，虽然欧洲各国多数是基督教国家，但也并非铁板一块，新教和天主教各有各的势力范围。

《天球运行论》的中译本，我们比较熟悉的有两版：一版是天文学家叶式辉于1992年翻译的版本，由北京大学出版社出版（2006年版）；另一版是清华大学科学史系的张卜天教授在2013年翻译的版本，由商务印书馆出版（2014年版）。

　　有趣的是，这本书的书名翻译曾引起了很大的争议。它的书名曾被译为《天体运行论》，但现在的新版本多数译为《天球运行论》，"天体"和"天球"一字之差，究竟有什么区别呢？后面我们会详细讲解。

《天球运行论》究竟讲了什么？

《天球运行论》一共六卷，因此也常被称为哥白尼《天球运行论》六卷，或者《运行论》六卷。

第二卷

几何学

第三卷

方位天文学

大纲

第一卷

第一卷是"日心说"的大纲；第二卷主要讲了球面天文学原理，是一些了解"日心说"所必需的几何学知识；第三卷到第六卷主要讲的是方位天文学，研究的是太阳、月球、金星、木星、水星、火星、土星这七颗星体在天空中的运动轨迹规律及其修正方法。后五卷讨论的都是非常专业的天文学问题。

方位
天文学

第四卷

方位
天文学

第五卷

方位
天文学

第六卷

专业、难懂

　　即便是喜欢天文学的读者，也可能止步于第一卷，因为后几卷的内容过于专业，很难读下去。

　　因此，如果你们只是为了了解这部革命性巨著的大致内容和科学观，那么**只读第一卷也是可以的**。等你们了解了更多的天文学知识，再来读后几卷也不迟。

　　希望你们对科学的热情不会被艰深的知识浇灭。

抛开书中包括复杂运算在内的大量专业性问题，我将为大家介绍哥白尼理论体系的原理、特色、诞生的原因和过程，以及《天球运行论》对后世的影响。其中的大部分内容都出现在第一卷。

《天球运行论》有很强的戏剧色彩，是一部兼具革命性与保守性的著作。哥白尼是科学史上公认的一位革命家，因而这本书无疑也极具**革命性**。第一，它用"**日心说**"**取代**"**地心说**"，重构了宇宙秩序。第二，它为人类**开启了新物理学的大门**——这最能体现其革命性。

开启了新物理学的大门

不过，大家也不要忘记，哥白尼的这本书也具有**保守性**。

我们能从书中看出**哥白尼是古希腊数理天文学的正宗传人**。他之所以对托勒密的"地心说"进行改革，是因为他认为托勒密构建的体系背离了古希腊天文学的原则，这一点他无法接受。那么，又是什么样的天文学让哥白尼信服呢？

你为什么反驳我？

你背叛了我们！

古希腊天文学

古希腊人的天空

法国科学家庞加莱曾说："正是天文学教导我们存在着规律。"*这句话的意思是，规律的概念最初是人们通过观察天空得到的。

---

* 摘自《科学的价值》，李醒民译，商务印书馆，2011年6月出版。

授时

历法

在古代中国，人们通过观星来授时、制定历法，也会通过观星记录天象、占卜吉凶。在西方，天文学是古希腊科学中一个非常典型的学科。

古希腊天文学有一个基本假设——"cosmos"概念，即宇宙是完美和谐的。

规律

Cosmos 一词很难翻译，如今很多地方将其译为"宇宙"其实不太贴切，因为这个词在希腊语中是作为 chaos——混沌——的反义词出现的，所以它的基本含义里包括了整体性、和谐性、完美性、对称性等一系列特征，类似于真善美三位一体。

正因如此，在古希腊天文学的基本预设中，宇宙才会是球状的，地球也是球状的，宇宙的结构就是天球套地球，天界的基本运动就是天球的匀速转动，而且坐落其上的星体都是固定的，会随天球一起做匀速运动。

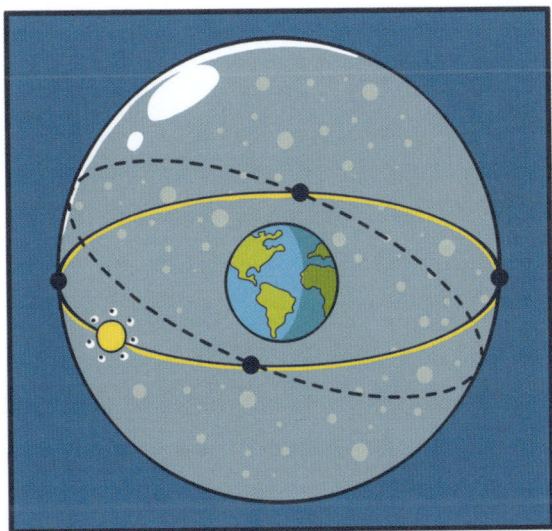

上图描绘的就是**天球套地球**的构想，这个构想反映了古希腊人的认知水平。

大家可以观察到，图中的地球位于宇宙的中心，地球之外有一个布满恒星的天球。天球是匀速转动的，因此天球上的恒星也会绕着地球做周日运动*。这个假设非常重要，它是**古希腊天文学的基本设定**，没有它就没有古希腊天文学。

---

* 星体在天上每日旋转一周，这种运动称为周日运动。

后来，古希腊人发现这个基本设定存在一个问题——行星问题。

行星问题指的是什么呢？

在那时的人看来，天上所有的星体可以分为两类。

一类是恒星，它们彼此之间的位置相对固定。站在地球上看，它们每天都排着固定的队列步调一致地从天空的东边运行到西边。

另一类是日月五星，中国古代称它们为"七政"，它们不仅参与由东向西的周日运动，也就是我们每天看到的"东升西落"，还在一条被称为黄道*的轨道上由西向东缓慢移动。

＊ 黄道：从地球上看，太阳在天空中会慢慢地移动，
   一年正好移动一圈，这条路线就是黄道。

但正是第二类星体的一些现象，给古希腊人带来了很多疑问。**这 7 个星体在黄道上的运行速度相差甚远。**月球最快，一个月运行一圈；太阳次之，一年运行一圈；水星和金星跟着太阳一年运行一圈；接下来是火星，两年运行一圈；木星 12 年运行一圈，因此它在中国古代被称为岁星；最慢的是土星，30 年运行一圈。

　　这 7 个星体不仅公转周期有长有短，各自的黄道运动也不均匀。这种不均匀反映在运行速度上，比如太阳在黄道上的运行速度，冬天时和夏天时就不一样。

除了太阳，另外 6 个星体在运行时还**会略微偏离黄道**，有时偏得多一些，有时偏得少一些。

此外，金木水火土这 5 颗星体还存在一个更特别的现象——**逆行**，人们观测到这些星体会往回走，如今大家常说的水逆和火逆指的就是这种现象。

这些现象让古希腊人非常困扰，因为按照他们的预设，这些星体作为天体，也应该做匀速圆周运动，而不应该到处游走，否则如何配得上"天体"这一崇高的称号呢？

古希腊人给这种到处游走的星体起了个名字叫 planētēs，英文中的 planet（行星）一词就是从这个词演变而来。在希腊语中，planētēs 意为"不规则运动的漫游者"，在古希腊天文学中，太阳和月亮也属于 planētēs。

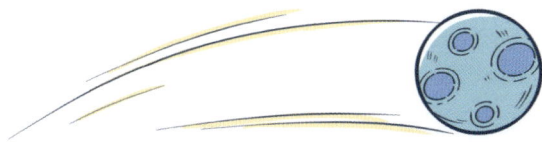

为什么往回走？

古希腊天文学的基本设定可以解释恒星的周日运动，但很难解释这几颗"行星"的运动，因此行星问题就成了古希腊天文学的基本问题，古希腊天文学一直致力于解释行星逆行的现象。

行星的黄道运动虽然不规则，但并非完全没有规律，其实也有周期性，只不过不是匀速周期运动。

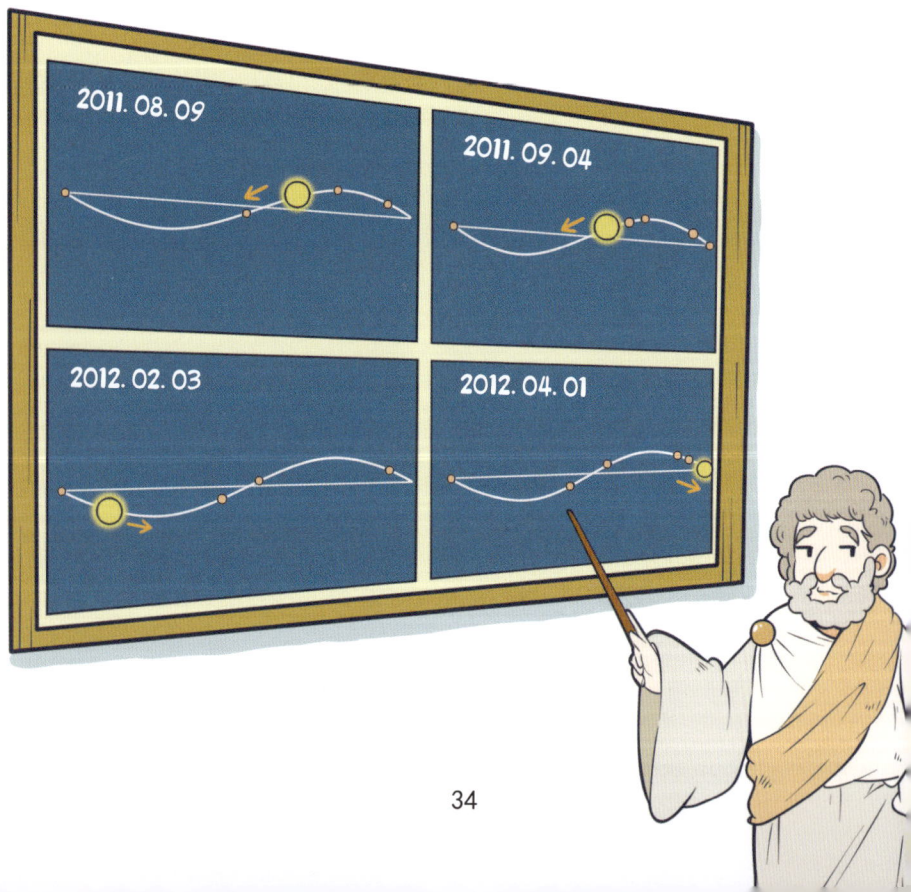

古希腊人认定，行星作为一种天体，肯定是在做匀速运动。因此，柏拉图曾给他的学生布置了一项任务，要求他们想办法把这些行星表面上的不规则运动解释为一种规则运动。这项任务被称为拯救现象。

拯救现象，即把表面上的不规则运动还原为规则运动，这是古希腊天文学的基本目标和基本方法。

天球模型的进化

a. 欧多克索斯的同心球模型

　　第一个完成柏拉图布置的任务的人是柏拉图学院的一名学生，他叫欧多克索斯。

　　欧多克索斯将几个同心天球套在一起来模拟行星的不规则运动。他让一颗行星同时参与两种运动，这样就能模拟出行星的逆行现象。

在欧多克索斯的同心球模型中，**同心球的中央是地球，不同的同心球有着不同的运动轴线**。假设一颗行星同时参与两个同心球的运动，它的运动轨迹就会呈"8"字形，这样就模拟出了逆行现象。

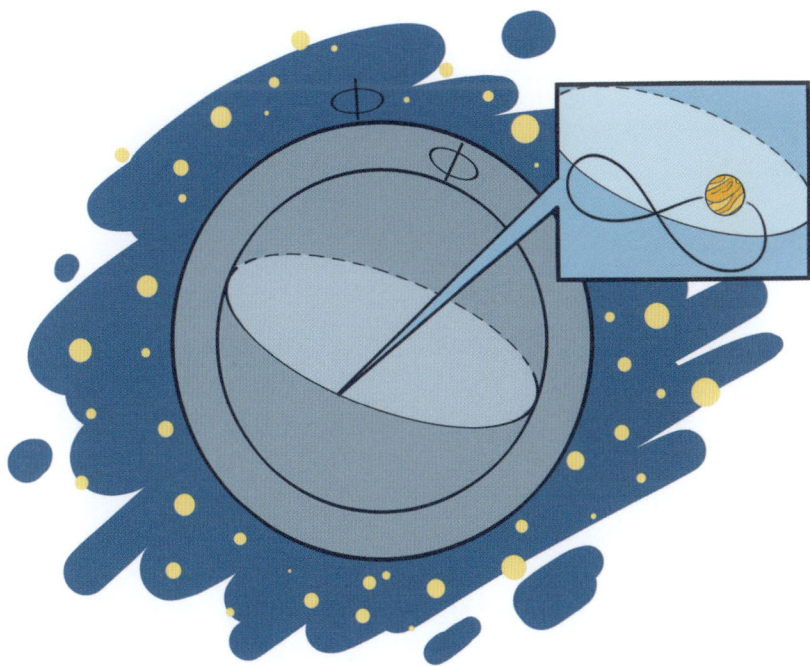

这个模型非常有效，它有点儿像我们常见的陀螺仪，基本上可以模拟出水星、金星等行星的复杂运动轨迹。

不过，这个模型也有一个**缺点**。

在这个模型中，地球与其他行星之间的距离是固定的，因此**无法解释行星亮度的变化**。

古希腊人认为行星本身的亮度不应该发生变化，如果观察到行星的亮度有变化，肯定是因为这颗行星与我们之间的距离发生了变化。

我近了，我亮了！

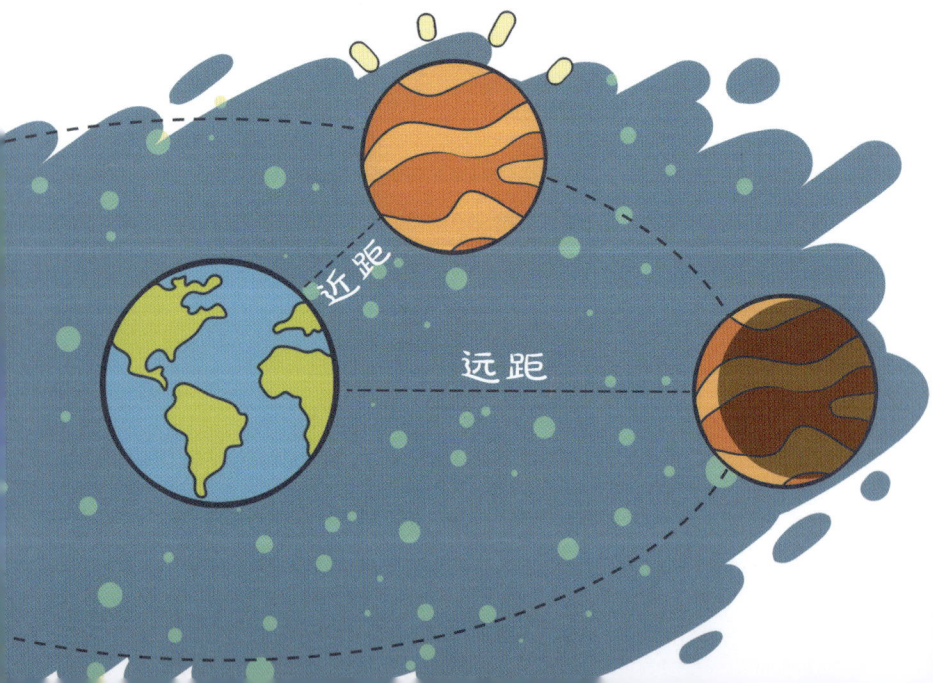

近距

远距

这也是古希腊天文学的一个基本教条，即**行星作为一个天体本身不会变化，只可能是与地球之间的距离在变**。这个教条引发了许多问题，如果没有这个教条，行星亮度变化这个问题也就不复存在。

与此类似，古希腊的几大数学难题也是因为当时的教条规定必须用尺规作图。如果没有这个要求，这些难题其实就算不上什么难题了。

因此可以说，古希腊人遇到的难题很多是自我设限导致的；也可以说，这些难题都源自理性的严格性。

均轮

地球

本轮

火星

b. 本轮－均轮模型

为了解决行星亮度变化的问题，古希腊数学家阿波罗尼和天文学家希帕克斯又发明并发展了本轮－均轮模型。

如左图所示，**白色的小圈是本轮，白色的大圈是均轮，地球就位于均轮的圆心上，本轮上的行星绕本轮圆心做圆周运动，本轮的圆心则沿着均轮绕地球做圆周运动。**这两个运动叠加起来就可以模拟出行星逆行轨迹（红色路径）。同时，这一模型又能够解释行星亮度的变化，因为模型中行星与地球之间的距离确实会发生改变。

这个模型是一套很高明的工具，被生活在公元150年前后的天文学家托勒密继承并发扬光大。

c. 托勒密的模型

出生在埃及的古希腊天文学家托勒密统合了之前的多个模型，将本轮－均轮、偏心圆和偏心匀速点的概念结合起来，构建了一个非常复杂的行星运动模型。

这套综合了多个模型和概念的复杂模型，托勒密用起来得心应手。他能够用它来解释所有行星的复杂运动，这个模型也因此大获成功，后来传播到了世界各地。

行星

地球　圆心　　　　　　本轮

偏心匀速点

均轮

偏心圆和偏心匀速点

偏心与圆心不同，不在圆的正中。托勒密之前的天文学家发现，太阳绕地球的运动并非匀速圆周运动，因此认为地球并不处于太阳运动轨道的正中，并据此建立了偏心圆模型。但是这个模型没办法解释所有行星的运动，托勒密又提出了"偏心匀速点"这个概念。这个点与地球一样，是均轮的偏心，而本轮的圆心，就是相对于这个偏心做匀角速运动，这也就解释了为何理应匀速的行星运动，在地球上看是不匀速的。

不过，托勒密的模型也有几个缺点。

第一，它打破了古希腊天文学中关于行星做匀速圆周运动的规则。

你做的不是匀速圆周运动！

怎么都不一样？

第二，这个体系较为松散，每颗行星都有一套单独的拯救方案。

第三，由于水星、金星和太阳的黄道周期都是一年左右，这个模型无法确定这三个天体与地球之间的远近关系，只能任由人们随意排列。

有人喜欢把水星放得近一点儿，有人则喜欢把太阳放得近一点儿，这就导致这个体系中行星排序比较随意。

这个缺点也成了后来哥白尼改革托勒密体系的重要动机。

下图展示的就是托勒密的模型。

按照"地心说"的构想，天体的黄道周期越长，它的运行轨道就应该越靠外，周期越短则越靠里，所以在这个模型中，月球的轨道在最里侧，水金日三星的排列顺序被安排为水星离地球最近，金星次之，太阳最远。但由于水星、金星和太阳的平均黄道周期近似，这三者的排列方式其实缺乏理论支撑。

土星

即便存在诸多问题，托勒密的体系仍然非常成功，他的理论在 9 世纪传到了阿拉伯地区，在 12 世纪传到了欧洲，慢慢地，人们都被这个体系征服，认为它就是最佳方案。

在 16—17 世纪，这个体系传到了我国，耶稣会传教士用托勒密等天文学家的研究成果说服了当时的统治阶级，让他们认为西方的天文学比我国的传统天文历法更精准，进而发起了改历活动，譬如编著了《崇祯历书》。

阿拉伯

到这里我们不难看出，这些天文体系虽然没有突破"地心说"的桎梏，但是充满了想象力，还包含着一定程度科学的观察、计算、推导和论证。正是这样一步一步地积淀，才有了后来的哥白尼改革。

　　我们需要在理解这些知识的前提下，再去理解哥白尼的所思所想。

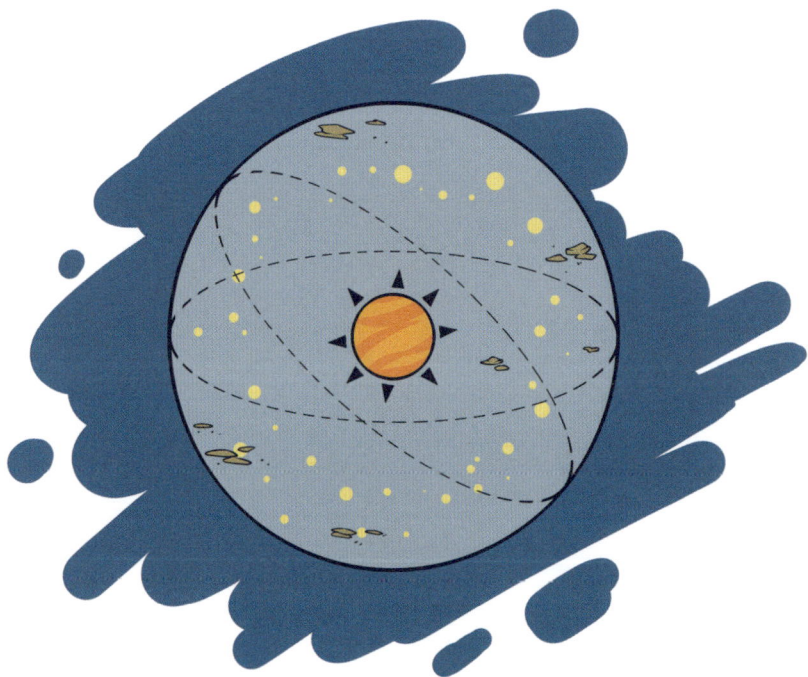

　　哥白尼完全继承了古希腊天文学的基本预设、基本问题和基本方法。

　　他构想出的天文学体系也属于行星天文学，只关注行星方位问题，而不关注其他问题。

　　他也使用天球套叠的方式来模拟行星的不规则运动——他认为，尽管地球围绕太阳公转，但地球仍然是一个镶嵌在天球上、随着天球转动而绕着太阳转的星体。

我们不应该忽视哥白尼体系中"天球"的概念。
离开了这个概念，我们就无法理解他为什么要让地球这样转动。

此外，虽然哥白尼与托勒密所处的时代相差了 1000 多年，但由于托勒密的著作《天文学大成》在西欧一度失传，直至 1528 年拉丁语全译本才在欧洲出版，所以从某种意义上说，哥白尼和托勒密几乎可以算是同代人，他们之间的继承关系非常清晰。这也正是哥白尼的保守性所在。

哥白尼革命

哥白尼革命的缘起

既然托勒密的体系得到了大家的认可，哥白尼为何还要发起改革呢？

科学革命

大部分人认为，哥白尼之所以进行改革，主要是因为托勒密的理论不够准确，他的理论推测和事实不符。

这个说法其实是错的。

事实上，托勒密体系的优点就在于它可以通过自我调整来适应数据，即便出现不准确的地方，也可以立刻调整、修正，以适应实际观测数据。因此，托勒密的理论不够准确并非哥白尼进行改革的原因。

此外，有人说托勒密体系太过复杂，但哥白尼的理论体系也很复杂，所以这个说法也不成立。

那么，哥白尼发起改革的动机究竟是什么呢？其实，他的动机源自托勒密体系的三个缺点。

第一，托勒密的理论体系缺乏统一性。他的理论体系就像临时拼凑的产物。这颗行星按照一种方法处理，那颗行星则按照另一种方法处理，整套理论模型不像一个系统，宇宙也不像一个整体。

古希腊人秉持着"cosmos"理念，相信这个世界是成体系的，事物之间有内在的关联、秩序以及和谐的比例关系。

托勒密的理论体系却好像只是给各种现象拼凑出一套牵强的解释，哥白尼不认同这种做法。

第二，托勒密体系违反了完美原则。他引入了偏心匀速点，导致行星运动变得不对称、不均匀，或者说对称原则和均匀原则被分离开来，无法统一到一起，这也令哥白尼无法接受。

第三，古希腊天文学秉持唯一性原则，托勒密体系却产生了多种可能，**太阳、水星和金星的秩序可以随便安排。**

现在的科学家还发现，这种不明确的秩序甚至影响了当时的占星术。天文学是占星术的理论依据，如果理论依据都很随意，又该如何去占星呢？

你的体系不完美！

这三点就是哥白尼发起改革的原因。大家可能觉得这些原因非常奇怪，似乎并非出于科学上的考量，而更像是出于对美感的追求。很多读者难以想象，哥白尼发起改革的原因竟是他认为托勒密体系不够完美、不够漂亮、不够对称、不够均匀。

哥白尼的改革方案

那么为了维护古希腊天文学的基本原则，他做出了哪些努力呢？

第一，去除偏心匀速点，恢复"cosmos"的独特、完美与和谐。

日心说　　　地心说

要想实现这个目标，**最好的办法就是用日心替代地心**，这样可以一下子解决很多问题。日心替代地心就是让太阳成为宇宙的中心，地球和除月球之外的五大行星都围绕太阳转，而月球仍然绕地球转。

第二，赋予地球三重运动。

他把过去天文体系中太阳的运动转移到了地球身上。例如，周日运动其实是地球的自转，周年公转则是地球的黄道运动，而太阳始终是不动的。

更有意思的一点，是赋予地球第三种运动，也就是周年轴转。至今仍有很多人不了解周年轴转的作用，究其原因是人们不清楚哥白尼始终相信地球是镶嵌在天球之上，并随着天球的转动而转动的。

地球运转示意图

如果没有周年轴转，地球是按照上图左侧的方式运转的：地球镶嵌于天球上，因而随着天球转动，地轴指向的方向每时每刻都在变化。

大家知道，地轴和黄道面有一个约 66°34′ 的偏角，这个偏角基本上是固定不变的，如上图右侧模型所示。为了解释这个固定的偏角，哥白尼引入了第三种运动，也就是让地轴自己转动，通过地轴的自转来抵消上图左侧模型中的转动方式带来的倾角变化，使地轴倾角永远保持在 23.5° 左右。

如今，大家早已不相信天球的存在，自然也就没有听说过第三种运动。

　　不过，第三种运动恰好解释了哥白尼的这本著作为什么要译为"天球运行论"，而非之前的"天体运行论"，就是因为哥白尼实际上是一个保守的古希腊天文学精神的忠实执行者，如果把"天球"译成"天体"，就削弱了这一层含义。

　　虽然天球概念是哥白尼理论的局限性所致，但秉承着科学的精神，我们应该将其还原，毕竟科学的探索并非是一步到位和完美无瑕的。

哥白尼的宇宙体系有很多优点，其中很重要的一个就是简化了行星问题。

　　首先，哥白尼认为逆行并不是真实的运动，而是地球和行星的相对运动产生的一种表象。

　　右图中，红色的行星是火星，蓝色的行星是地球，中心的黄色圆点则是太阳。大家可以观察到火星其实并没有逆行，那为什么从地球上看火星会逆行呢？

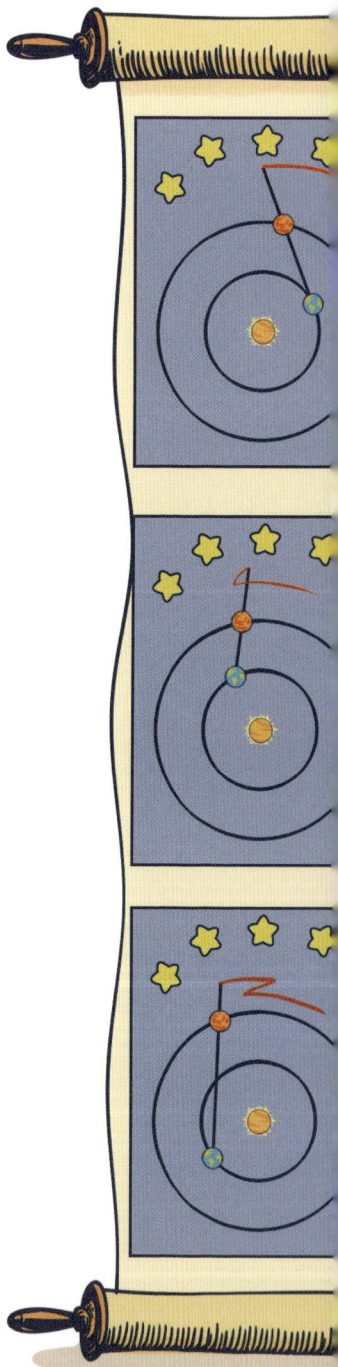

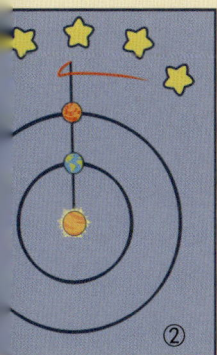

这是因为地球的公转速度比火星的要快，在地球追上并超越火星的一段时间里，火星就好像往回走了一样。

因此，逆行现象只是一种表面上的错觉，就像我们坐车时透过车窗往外看，会感觉路边的树木都在往后退，但我们都知道树其实并没有后退。

②

④

⑥

其次，哥白尼的理论解释了**行星逆行为什么往往发生在行星最亮的时候**。

这是因为地球追上一颗行星的时候，也是距离该行星最近的时候，所以此时这颗行星看上去最亮。

最后，哥白尼的理论还解释了水星和金星为什么总是像跟屁虫一样紧跟着太阳。

水星

金星

地球

这是因为这两颗行星在地球轨道的内侧，它们距离太阳比地球离太阳更近，所以从地球上看它们当然不会离太阳太远。

过去的疑问现在终于得到了解答。

哥白尼体系不仅完美地解决了上述几个问题，还给出了一个独一无二的宇宙秩序，那就是太阳、水星、金星、地球、火星、木星、土星的排列顺序，再也没有其他的可能性。

从这个意义上讲，哥白尼实现了自己的理想，维护了古希腊天文学中"cosmos"这一概念的正统。

哥白尼体系的缺点与面临的挑战

哥白尼体系并非尽善尽美，也有一些缺点。第一个缺点是缺少数据。

哥白尼本人非常忙，他只是一位业余天文学家，所以没有多少时间去观测天象、收集数据，自然也就没有留下什么数据，他构建的体系不及托勒密体系精确也就不奇怪了。

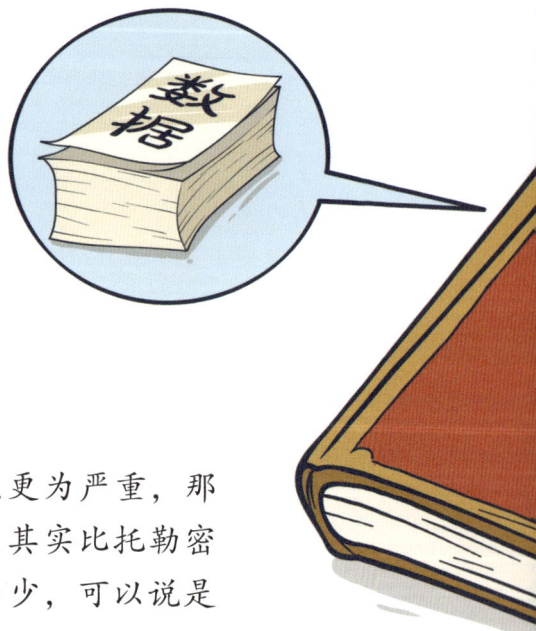

第二个缺点更为严重，那就是哥白尼体系其实比托勒密体系简单不了多少，可以说是五十步笑百步。

为什么哥白尼体系也很**复杂**呢？

这是因为哥白尼并不知道行星的运动是椭圆运动，他还在使用正圆模型来模拟行星运动，所以这个体系中保留了本轮－均轮体系以及偏心圆体系。

也就是说，哥白尼体系中的太阳虽然静止不动，但并不在宇宙的中心。因此，严格来说，哥白尼体系不能称为"日心说"，只能称为"日静说"。

与此同时，哥白尼体系还面临着科学和非科学两方面的挑战。

科学方面的挑战主要有两个。

第一个是**恒星视差**的问题。什么是恒星视差呢？

如果把我们的手看作恒星，我们的两只眼睛分别是冬天的地球和夏天的地球，用两只眼睛轮流观察手，会发现手的位置是不一样的，这种位置差异就是恒星视差。

从来没有人看见过恒星视差。假如地球每年绕太阳转动一圈，那为什么我们看不到恒星视差呢？这对哥白尼来说是一项巨大的挑战。

70

哥白尼解释说，**恒星视差确实存在，但由于恒星距离地球太遥远，恒星视差过于微小**，所以我们观察不到。

哥白尼的解释并没有错，但他的说法在当时就好像为自己的理论打了一个特设的补丁，无法服众。

到了 19 世纪，人们才观测到恒星视差，此时距哥白尼提出"日心说"已经过去了近 300 年，而人们在此之前很久就接受了"日心说"。

距离远

第二个是**运动问题**。

什么是运动问题？

按照哥白尼的说法，地球一直在高速转动，生活在地球上的我们自然也是"坐地日行八万里"，每分钟行进约 30 千米，但是我们对此毫无感觉，这是为什么呢？

此外，天上的鸟和云又为什么不会被地球抛到后面呢？

这些问题很关键，但哥白尼无法给出详细的答案。他只是含糊地解释，**大家都在地球上，与地球一起转**，却无法进一步说明。

哥白尼之所以无法解释这些问题，是因为此时伽利略和牛顿还没有出现，而这些问题要用伽利略的运动学说和牛顿的力学理论才能解决。

科学的进步不是一蹴而就的，往往需要几代人前赴后继地开展研究才能不断完善科学理论，才能让后人真正站在巨人的肩膀上前进。

非科学方面的挑战主要**来自教会的阻力**。

当时，天主教并没有打压哥白尼，反而是新教强烈反对哥白尼的理论。

据传，哥白尼生前曾遭到新教领袖马丁·路德的诟病，后者表示有个傻瓜居然说地球在动，《圣经》里可不是这么说的。这可以说明当时新教不认可哥白尼的理论。

新教虽然反对哥白尼的理论，但是没有执行能力，因为它并不像天主教那样有统一的教会，也就无法阻止哥白尼。

有趣的是，前文提到的那个匿名为哥白尼的著作写前言的人就是一名新教徒。他在前言中所说的话其实是出于好心，想帮助哥白尼免于教会的责难。

我们没有执法权！

哥白尼的后继者
与改革的胜利

哥白尼发起的这场改革究竟是何时取得胜利的呢？如果只靠哥白尼自己，这场改革大概很难取胜，改革最终能够大获全胜，其实靠的是哥白尼的追随者坚持不懈的努力。

哥白尼的后继者

哥白尼的第一位后继者是第谷。**第谷是一位天才观测家**，也是望远镜发明之前观测数据最精确的天文学家。

虽然他构建的体系是一种折中学说，但其中吸收了哥白尼的理论，让金木水火土五颗行星绕太阳转，然后让太阳绕地球转。这个体系的优点在于规避了视差问题。

作为一位观测家，第谷讲究实事求是，他没有观测到视差，便没有像哥白尼那样说地球绕着太阳转，但是他让金木水火土五颗行星围绕太阳转无疑是吸收了哥白尼的成果。

第谷的学生开普勒进一步完善了哥白尼的体系。

开普勒利用第谷留下的数据发现了椭圆轨道，完善了哥白尼的"日心说"，使其变得更容易被接受。

后来，伽利略借助望远镜又解决了哥白尼体系的诸多问题。

有人曾问哥白尼："既然在你看来所有的行星都绕着太阳转，那为何月球偏偏绕着地球转呢？"这就是伽利略解决的第一个问题。

对于这个问题，哥白尼没有给出任何解释。

伽利略用望远镜观察到了木星有卫星，这意味着每颗行星都可以有自己的卫星，因此地球的卫星——月球在绕着地球转也就不是什么奇闻异事了。

伽利略解决的第二个问题与金星有关。按照哥白尼的"日心说"，金星的远地点和近地点相距甚远，据此推测观察到的金星大小也应该有非常明显的变化，可是为什么肉眼看到的金星似乎并没有多大变化呢？

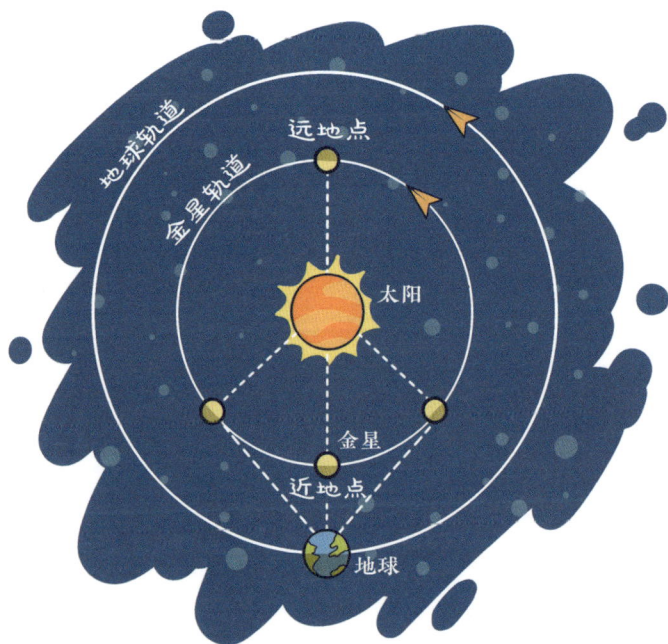

这是因为金星的这种变化无法用肉眼看到。后来，伽利略用望远镜观察到金星确实是有位相变化的。

当金星位于近地点时，往往是它最暗的时候，因为此时地球上看到的金星背对太阳，其亮度会大幅降低；当金星位于远地点时，反而是从地球观测它最亮的时候。这样一来，**金星的亮度差异和由距离导致的大小差异就相互抵消了**。因此，不管金星是位于近地点还是远地点，肉眼看起来都差不多。

伽利略解决的第三个问题是**恒星为什么看上去不会出奇的大**。

　　在望远镜诞生之前，人们认为凭肉眼就可以分辨出恒星的大小。如果如哥白尼所说，恒星距离地球出奇的远，那恒星一定出奇的大。在望远镜出现之后，人们才发现仅凭肉眼根本无法看出恒星的大小。之前观察到的恒星大小其实只是错觉，是由大气层干扰造成的，恒星本身大小并非如此。

　　牛顿的起点就是哥白尼的终点，因为他提出万有引力定律就是为了解释月球为什么会绕着地球转，地球又为什么会绕着太阳转。

　　想一想，在日常生活中，你肯定不会无缘无故绕着另一个东西转。如果两个物体之间没有任何羁绊，一个物体为什么会绕着另一个物体旋转呢？

古人用天球模型来解释这种现象。有了天球，其他星体才会自然而然地绕着地球转，因为这些星体都是"钉"在天球上的。

有人会问，天球只是一个构想，看不见、摸不着，我们如何能确定它的存在呢？

引力同样是看不见、摸不着的，你又是如何知晓它是存在的呢？其实，天球和引力都是倒推出来的理论构想，你可以将天球看作古代的引力。

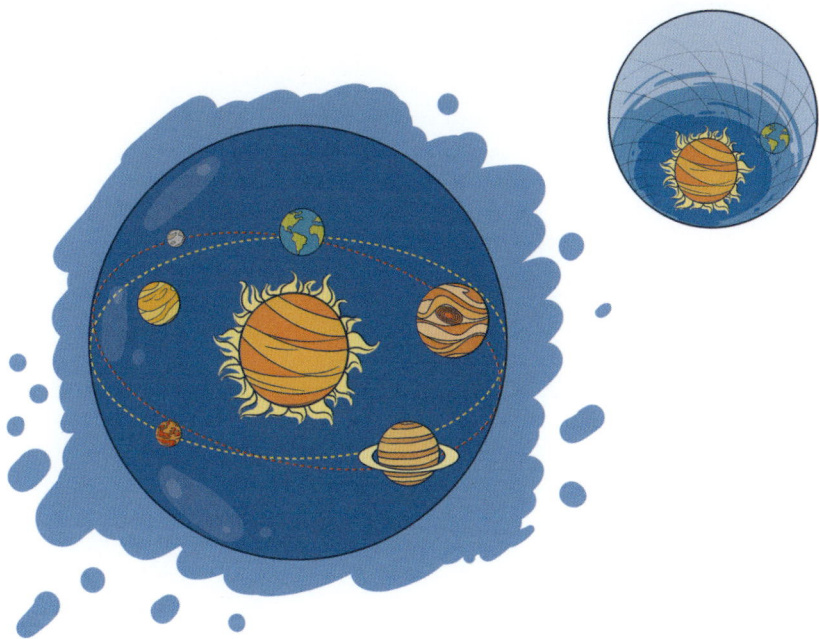

　　哥白尼虽然沿用了天球这一构想，但也用自己的学说打破了这个构想，因为他让地球自己转动起来。

　　哥白尼笨拙地把地球镶嵌在天球上，不过人们很快就发现**天球的存在其实是没有必要的**。

古希腊人构想出镶满恒星的天球，是因为他们认为所有的恒星每天都绕地球转一圈，按照思维经济原则，只需构想出一个天球就能轻而易举地解释所有恒星的周日运动现象。

　　现在，既然地球会自转，自然就无须再用天球来解释恒星的周日运动现象。可以说，正是哥白尼的闯入，打乱了整个古希腊世界观的和谐格局。

接着，第谷和开普勒的研究成果完全消解了天球构想存在的意义。然而，天球的消失又引发了一系列严重的问题，牛顿力学应运而生。

　　牛顿整合了哥白尼"日心说"和开普勒的理论，发现了万有引力定律，并在此基础上提出了牛顿力学。

牛顿用引力解释了月球为什么会绕着地球转，地球又为什么会绕着太阳转，最终完成了由哥白尼改革引发的宇宙体系的变革。

新物理学站稳脚跟之后，又反过来迫使人们承认了哥白尼的学说。因此，哥白尼改革最终大获全胜，很大程度上是他的追随者不懈努力的结果。

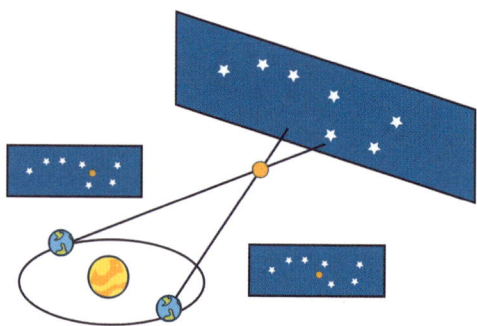

事实上，能够证明哥白尼"日心说"的两条铁证都出现在19世纪。

第一个证据是以贝塞尔为首的天文学家终于观察到了恒星视差。

第二个证据是法国物理学家傅科发明的傅科摆让人们确确实实地观察到地球在自转，只是转得很慢。

不过，哥白尼的学说在牛顿那个时代就已经得到了社会的认可。

由此可见，科学有时候也不一定讲究眼见为实，只要理论本身合乎逻辑、足够完整，就足以让人们信服，这就是哥白尼改革的意义所在。

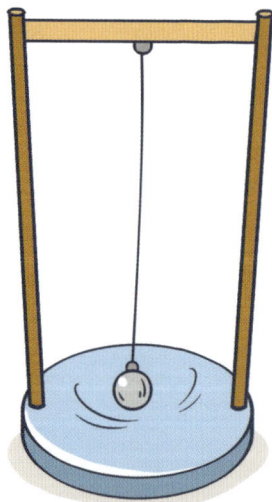

傅科摆

新宇宙体系的建立

科学的发展历程与人类文明的发展历程是类似的。我们做事情往往需要先制定一个规则，众人再按照这个规则去实践。时间长了，既有的规则变成教条，人们就会想要摆脱教条的束缚。

有的道路只有走到头才知道它的问题所在。新的理论体系刚刚确立时非常厉害，可以解决很多问题，但是它的缺点也会被暂时隐藏起来，要经过一段时间的实践才会慢慢暴露。

哥白尼创立的"日心说"毫无疑问引发了物理学的变革，是新物理学的开端。

　　在物理学变革的背后，"日心说"更是改变了人们对世界的看法。

日心说

新物理学

哥白尼的思想中最具变革性的观点是把地球看作天体，看作行星。这意味着哥白尼打破了自古以来人们坚信不疑的"天地判然二分"的思想。

无论是古希腊人还是古代中国人，都认为天与地是截然不同的，中国自古有"天壤之别""判若云泥""一个天上一个地下"等说法，古希腊也有类似的说法，但哥白尼的理论颠覆了这种传统思想，让众人意识到**天和地其实没有什么区别**。

一个新的宇宙秩序就此诞生。

科学革命

哥白尼改革的启示

哥白尼"日心说"的形成和发展过程带给我们三大启示：

第一，伟大的理论都是历史传承的产物，而非天才灵光一闪的结果。

第二，科学革命并非一蹴而就，往往会持续很长时间。

第三，在科学的发展过程中，天文学和物理学往往会相互成就。

天球运行论

天球套地球

沿用

保守性

生于波兰
小城托伦

作者:哥白尼 ——————→ 《天球运行论》

1543年，   同年出版   革命性
故于弗龙堡

提出

彻   重构了宇宙秩序 ←—— 日心说
底
打   缺点
破

体系复杂   缺少数据证明

认为行星运行
轨道是正圆

维护　　　古希腊　　　　　特点
　　　　　天文学

　　　　　　　无法解释　　　　　　　和谐、完美、对称

能　　　　行星问题:运行　　拯救现象
解　　　　速度不同、偏离
释　　　　黄道、行星逆行　　同心球模型　　　　　不符合

　　　　　　　　　　　　　　本轮-均轮模型

反对　　　托勒密模型

　　　后继者

　　第谷:提供观察数据

　　开普勒:发现行星运行
　　轨道为椭圆

　　伽利略:进一步完善

　　牛顿:万有引力

领读者书系：
科学经典篇
（第一辑）